Meriem Behim

Diagnóstico do sistema de acionamento do motor

Meriem Behim

Diagnóstico do sistema de acionamento do motor

Exploração do WPD e de parâmetros estatísticos para diagnosticar defeitos no sistema de acionamento do motor

ScienciaScripts

Imprint

Cover image: www.ingimage.com

This book is a translation from the original published under ISBN 978-620-8-01043-0.

Publisher:
Sciencia Scripts
is a trademark of
Dodo Books Indian Ocean Ltd. and OmniScriptum S.R.L publishing group

120 High Road, East Finchley, London, N2 9ED, United Kingdom
Str. Armeneasca 28/1, office 1, Chisinau MD-2012, Republic of Moldova, Europe
Printed at: see last page
ISBN: 978-620-8-11018-5

Conteúdo

Prefácio

A alimentação das linhas de produção através de motores assíncronos continua a ser a forma mais económica, robusta e segura durante longos períodos de tempo. A durabilidade dos motores assíncronos é a grande preocupação dos técnicos de manutenção, o que obriga frequentemente a acções de diagnóstico e manutenção.

Este trabalho é uma contribuição para o diagnóstico de defeitos mecânicos que podem ocorrer em sistemas de acionamento de motores de indução utilizando a técnica de análise de vibrações. O trabalho baseia-se numa instalação experimental ligada a acelerómetros, montada para validar os defeitos e construir uma base de dados de sinais de vibração.

Os métodos utilizados para o diagnóstico e classificação de falhas são: Wavelet Packet Decomposition (WPD) baseado em métodos de tempo-frequência, energia e L-kurtosis calculados a partir de nós de decomposição de pacotes wavelet e perceptron multicamada baseado em redes neurais artificiais. O Perceptron Multicamada é utilizado para identificar o tipo de defeito, de modo a poder estabelecer um programa de acções de manutenção preventiva ou curativa o mais rapidamente possível.

Capítulo I: Sistema de acionamento do motor de indução

I.1. Composição do sistema de acionamento do motor de indução

Os motores de indução são compostos por vários elementos: protecções terminais, rolamentos, ventilador, caixa de terminais, estator, rotor e chumaceira (Figura I.1). O que nos interessa principalmente são três partes: o estator, o rotor e a chumaceira.

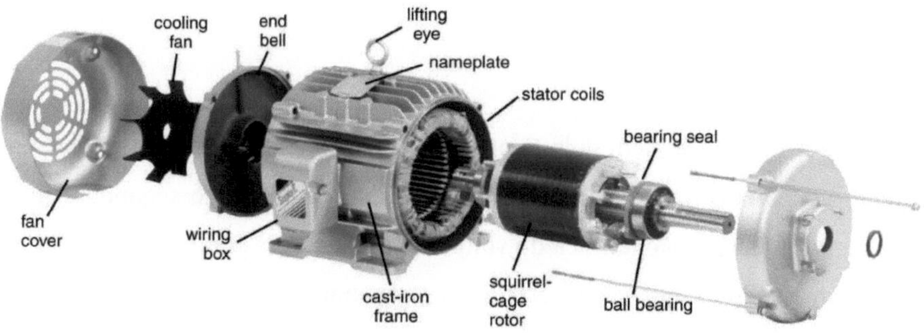

Figura I.1 Os elementos de construção do motor de indução

- **Estator**

O estator, também conhecido como indutor, é constituído por uma pilha de lâminas de aço entalhadas nas quais são colocados os enrolamentos do estator, dispostos de forma sobreposta, ondulada ou concêntrica, e alimentados por sistemas de tensão trifásica[1], [2].

- **Rotor**

O rotor, também conhecido como armadura, pode ser de dois tipos: rotor em gaiola de esquilo e rotor bobinado, mas as máquinas de indução (MI) mais comuns são as que têm rotores em gaiola de esquilo[1].

Os rotores em gaiola de esquilo são compostos por barras de cobre, no caso dos grandes motores, ou por barras de alumínio, no caso dos motores de baixa potência. Estas barras, distribuídas uniformemente, são curto-circuitadas em cada extremidade por dois anéis terminais e montadas num eixo rotativo[2].

Existem variações do rotor em gaiola de esquilo, tais como o rotor de gaiola dupla de esquilo e o rotor de ranhura profunda [3]. Estes outros tipos de rotores em gaiola de esquilo são utilizados para modificar o desempenho da máquina assíncrona durante o funcionamento.

- **Rolamentos**

Os motores de indução têm dois tipos de rolamentos, consoante a sua função: o primeiro suporta o rotor e assegura a rotação livre, enquanto o segundo é livre para permitir a expansão térmica do veio. São constituídos por: (i) rolamentos de esferas, montados a quente no eixo para assegurar a orientação rotacional do eixo; e (ii) protecções terminais, fundidas numa liga, fixadas à carcaça do estator com parafusos ou barras de aperto[1].

I.2. Princípio de funcionamento

O estudo do funcionamento do motor assíncrono consiste em admitir que um estator formado por três bobinas com eixos decalados de 2π/3 radianos e alimentado por uma rede trifásica equilibrada, cria no entreferro (espaço entre o estator e o rotor) do motor um campo magnético B

O estudo do funcionamento de um motor assíncrono implica assumir que um estator, constituído por três bobinas com eixos deslocados de 2π/3 radianos e alimentado por uma rede trifásica equilibrada, cria um campo magnético B no entreferro (o espaço vazio entre o estator e o rotor) do motor (Figura I.2), rodando à frequência síncrona n_s [4], tais como:

$$\overrightarrow{B_s} = B_0 \cos(2\pi f t) \qquad \text{(I.1)}$$

em que B_0 é a amplitude máxima do campo magnético, f representa a frequência de alimentação da máquina assíncrona e t representa a função de tempo da oscilação.

$$n_s = \frac{f}{p} \qquad \text{(I.2)}$$

p representa o número de pares de pólos.

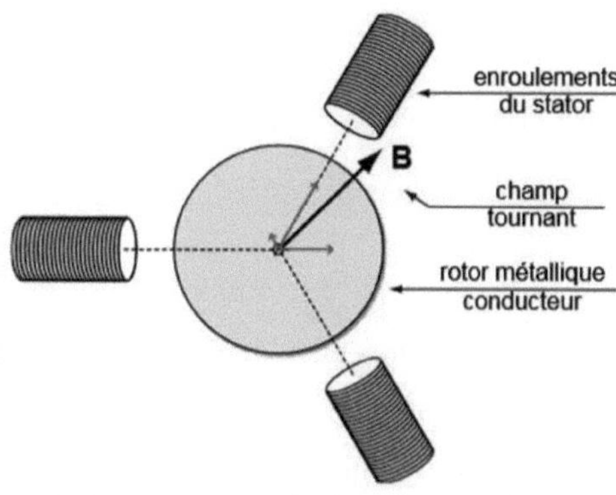

Figura I.2 Princípio de funcionamento de um motor assíncrono

O campo magnético criado pelo estator gira em torno do rotor, gerando correntes induzidas nas barras do rotor através do seu fluxo[4].

O rotor fica assim sujeito a forças que o fazem rodar no mesmo sentido que o campo girante, mas a uma frequência inferior à do campo girante, o que leva ao conceito de escorregamento g, que é expresso por[4]:

$$g = \frac{n_s - n}{n_s} \qquad \text{(I.3)}$$

em que n_s é a velocidade do campo rotativo e n representa a velocidade do rotor.

I.3. Defeitos críticos

- Desalinhamento

O desalinhamento é uma condição em que o veio da máquina motriz e o veio da máquina movida não estão na mesma linha central. Existem três tipos de desalinhamento: paralelo, angular e geral, como mostra a Figura I.3[5].

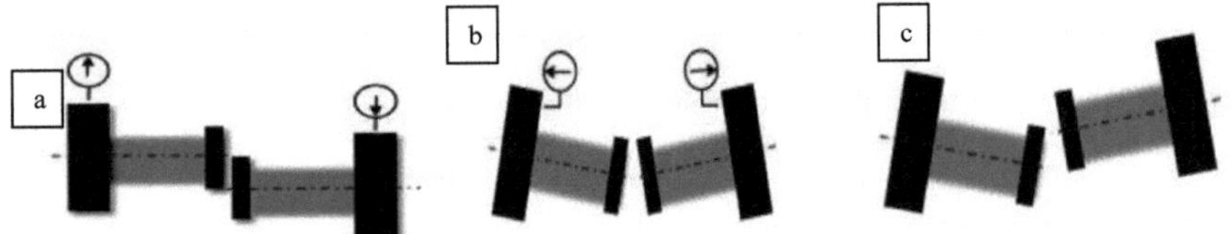

Figura I.3 Desalinhamento: a) paralelo, b) angular, c) geral

- Desequilíbrio de carga

O defeito de desequilíbrio de carga é definido como uma distribuição não uniforme da massa em torno de um eixo de rotação através da colocação de pesos adicionais num disco metálico equilibrado (Figura I.4). Esta massa provoca uma força centrífuga que induz oscilações de binário a frequências específicas, frequentemente associadas à velocidade mecânica do motor [6]. Comutação [7], no âmbito da análise de vibrações, a amplitude da velocidade do motor diminui com o aumento da carga.

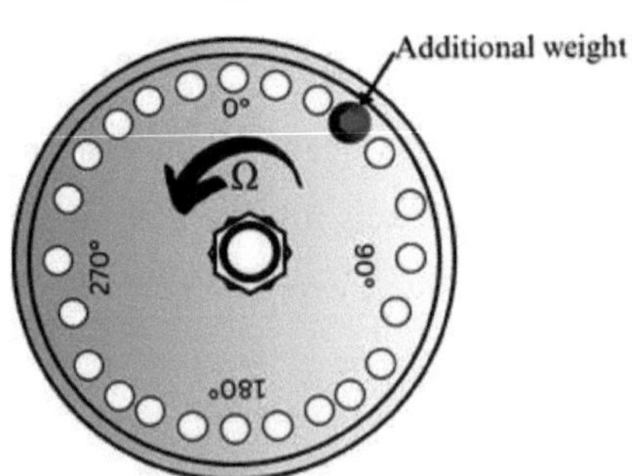

Figura I.4 Desequilíbrio de carga

- Defeito do rolamento

O estudo estatístico dos defeitos do MI indica que as falhas nos rolamentos representam mais de quarenta por cento dos defeitos do MI. Estes defeitos podem ocorrer em vários componentes do rolamento de elementos rolantes (pistas interiores e exteriores, elementos rolantes e gaiolas), como se mostra na Figura I.5 devido a vários factores, tais como [8], [9], [10]:

a. Falha de lubrificação: relacionada com insuficiência, degradação ou impropriedade do lubrificante que pode levar ao sobreaquecimento do rolamento.

b. Corrosão e contaminação: causadas pela inserção de partículas estranhas no lubrificante ou na solução corrosiva deteriorada.

c. Carga excessiva, ou seja, aplicação de carga de forma excessiva.

d. Montagem incorrecta e desalinhamento: o mecanismo de ajuste por interferência deve ser utilizado para a montagem de rolamentos em anéis rotativos e as porcas de bloqueio devem estar apertadas.

Os problemas de rolamentos aparecem em frequências adicionais que expressam cada tipo de defeito da seguinte forma:

$$\begin{cases} f_{OR}\,(Hz) = \frac{Z}{2} f_r (1 - \frac{B_D}{C_D} cos\alpha) \\ f_{IR}\,(Hz) = \frac{Z}{2} f_r (1 + \frac{B_D}{C_D} cos\alpha) \\ f_B\,(Hz) = f_r \frac{C_D}{2B_D}\left[1 - \left(\frac{B_D}{C_D} cos\alpha\right)^2\right] \\ f_c(Hz) = \frac{f_r}{2} (1 - \frac{B_D}{C_D} cos\alpha) \end{cases} \tag{I.4}$$

Onde: Z: número de rolos/esferas, B_D : diâmetro da esfera, C_D : diâmetro do círculo de passo do rolamento, α:o ângulo de contacto em radianos, e f_r é a frequência de rotação.

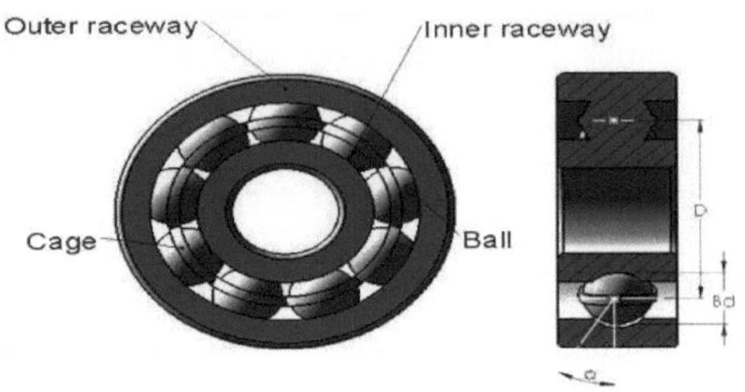

Figura I.5 Componentes da chumaceira

- Defeito na engrenagem

Para além dos rolamentos, as engrenagens são também consideradas componentes cruciais para as máquinas industriais em geral, uma vez que asseguram a transmissão de potência[11].

As engrenagens são normalmente utilizadas em ambientes de trabalho difíceis; por conseguinte, degradam-se frequentemente durante o funcionamento de várias formas, incluindo: fadiga, que é uma falha lenta e progressiva resultante de cargas cíclicas. Este tipo de falha ocorre principalmente em três fases: início de fissuras, propagação de fissuras e fratura; fadiga de contacto, que geralmente produz macro e micro fissuras; desgaste da superfície, que envolve a remoção de material das superfícies dos dentes da engrenagem devido a várias razões, tais como factores eléctricos, químicos ou mecânicos; e abrasão, que ocorre durante o movimento de deslizamento entre superfícies lubrificadas. Isto resulta em altas temperaturas que quebram a película da superfície e levam à deformação do material mais macio[11].

- Defeito no enrolamento do estator ou da armadura

A SWF (Stator Winding Fault) ou falha de armadura é responsável pela falha eléctrica mais significativa [12]Manifesta-se em quatro tipos: de volta a volta, de bobina a bobina, de fase a fase ou de fase a terra [8], como mostra a Figura I.6A falha de isolamento, que pode ocorrer por várias razões[8], [9]:

a. Tensões eléctricas: Desequilíbrio da fonte de alimentação, curto-circuito ou tensão de arranque, descargas eléctricas.

b. Tensão térmica: Aquecimento excessivo do núcleo ou do enrolamento do estator.

c. Tensões mecânicas: Barra do rotor desequilibrada ou desalinhada.

d. Stress ambiental: Contaminação por óleo e impurezas.

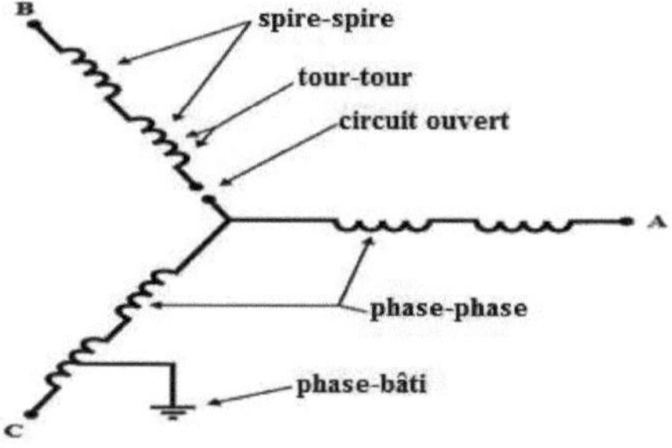

Figura I.6 Tipos de falhas no enrolamento do estator num motor assíncrono

- Desequilíbrio de fase

O desequilíbrio de fases, causado por tensões desiguais entre as três fases, leva a um aumento significativo da corrente no enrolamento. Isto, por sua vez, resulta em sobreaquecimento e danos graves no rotor[8].

- Falhas na barra do rotor e anéis de extremidade partidos

Os rotores em gaiola de esquilo nos motores de indução são compostos por barras condutoras em curto-circuito em ambas as extremidades por anéis de extremidade, como se mostra na Figura I.7. Estes dois componentes partem-se normalmente por várias razões [8], [9], [13]:

a. Tensões térmicas devidas a sobrecargas e desequilíbrios térmicos;

b. Tensões magnéticas causadas por forças electromagnéticas, atração magnética desequilibrada, ruído eletromagnético e vibrações;

c. Tensões mecânicas devidas a laminações soltas, componentes fatigados, problemas de fabrico, etc;

d. Tensões dinâmicas resultantes de binários do veio, forças centrífugas e tensões cíclicas;

e. Tensões ambientais causadas pela contaminação.

A quebra das barras e dos anéis terminais cria problemas adicionais nos motores de indução; conduz a correntes desequilibradas, a velocidades flutuantes e a um binário médio reduzido[14].

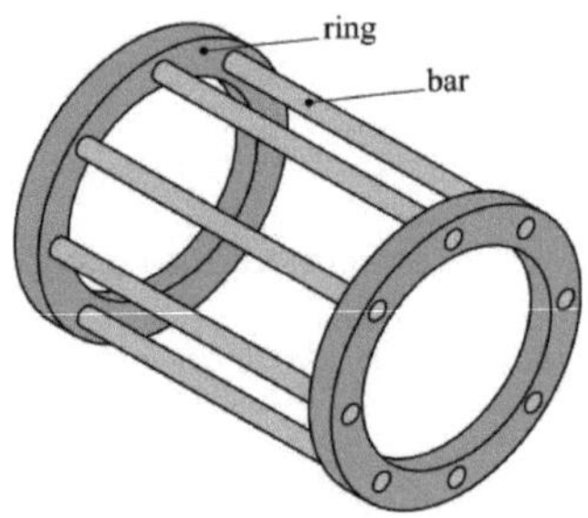

Figura I.7 Modelo de um rotor em gaiola de esquilo

- Rotor arco

Os arcos em rotores podem ser classificados como arcos locais, quando estão localizados numa parte do rotor, ou como arcos alargados, quando a deformação ocorre ao longo da ranhura do rotor. Este defeito ocorre tanto em máquinas em linha, devido aos efeitos da distribuição do aquecimento e do arrefecimento, como em máquinas fora de linha, devido ao efeito sustentado da gravidade [14].

Capítulo II: Processamento de sinais e técnica de análise de vibrações

II.1. Informações gerais sobre os sinais

II.1.1. Definição do sinal

Um sinal é a representação física da informação que transmite da sua fonte para um destinatário. Representa um portador de informação[15].

Por outras palavras, é a manifestação física de uma grandeza mensurável (vibração, corrente, tensão, pressão... etc.).

II.1.2. Classificação dos sinais

Podem ser previstas diferentes formas de classificar os modelos dos sinais, das quais citamos[15]:

- Na classificação fenomológica, destacamos o tipo de evolução do sinal, o seu carácter predeterminado e o seu comportamento aleatório,
- Classificação morfológica segundo a continuidade ou a discretização dos sinais,
- Classificação energética, classificação espetral e classificação dimensional.

Seguindo a primeira classificação, dita fenomenológica, podemos dividir os tipos de sinais da seguinte forma:

- Sinais determinísticos, cujos sinais podem ser predefinidos por um modelo matemático (uma função matemática bem determinada). Para este tipo de sinais encontramos:
    - Sinais periódicos que incluem sinais sinusoidais, periódicos compostos e pseudo-aleatórios.
    - Sinais não-periódicos, ou seja, sinais quase-periódicos e sinais transientes.

- Os sinais aleatórios, cujo comportamento temporal é imprevisível, podem ser do tipo estacionário, em que o conteúdo de frequência se mantém inalterado no tempo, ou do tipo não estacionário, em que o conteúdo de frequência se altera no tempo.

II.1.3. Amostragem de sinais

A amostragem é a recolha regular ou irregular de valores pontuais através de um sistema eletrónico digital, nomeadamente o computador, a partir de sinais analógicos [15].

De um modo geral, o tipo de amostragem acreditada é a amostragem regular (periódica) com um intervalo de amostragem constante T_s .

No caso de sinais de espetro passa-baixo com suporte limitado, de acordo com o teorema de Shannon, o intervalo regular T_s deve ser menor ou igual a $1/(2f_{max})$, para garantir a reconstrução do sinal analógico a partir das amostras, ou seja, evitar a perda de informação quando se convertem sinais analógicos em sinais digitais através da operação de amostragem [15].

II.1.4. Resolução do sinal

A resolução depende do tempo finito de observação T do sinal. Esta duração é igual ao produto do número de amostras N e do passo de amostragem T_s [15].

$$\mathrm{T} = \mathrm{N} * \mathrm{T_s} \quad \text{(II.1)}$$

Assim, a resolução B é representada por:

$$B = \frac{1}{T} = \frac{1}{N*T_s} = \frac{f_s}{N} \quad \text{(II.2)}$$

II.1.5. Filtragem de sinais

O objetivo da filtragem é alterar o espetro de frequência dos sinais para eliminar ou melhorar determinadas gamas ou bandas de frequência.

Os filtros são sistemas lineares, caracterizados por equações diferenciais lineares com coeficientes constantes. Podem ser estudados pela sua transmitância de Laplace, em termos do seu comportamento temporal (resposta ao impulso, resposta ao degrau), ou pela sua função de transferência harmónica, em termos do seu comportamento em frequência.

Os principais tipos de filtros são: passa-baixo, passa-alto, passa-banda, corta-banda (ou rejector de banda). Existem também outros filtros que não modificam o ganho, mas apenas a fase, chamados de deslocadores de fase puros [16].

II.1.5. Métodos de processamento de sinais

Os métodos de processamento de sinais podem ser classificados como se explica no fluxograma seguinte:

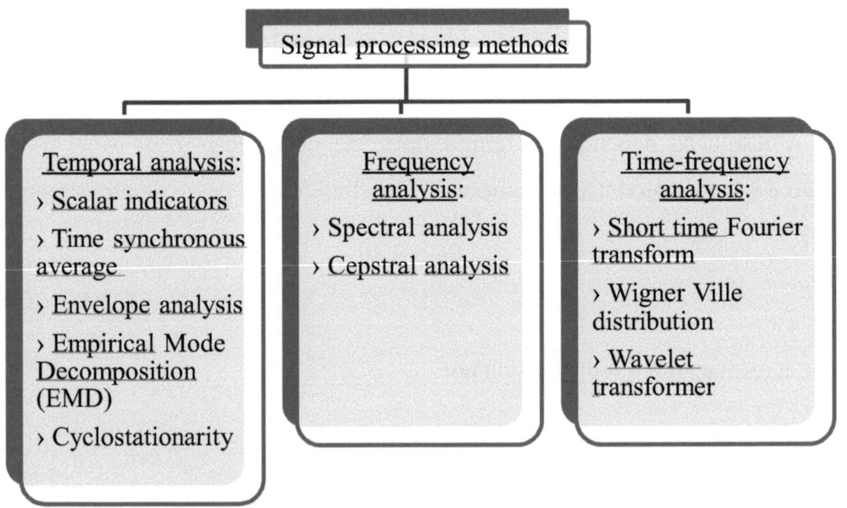

II.2. Técnica de análise de vibrações

A técnica de vibrações é geralmente utilizada para a deteção de avarias mecânicas, de acordo com os dados fornecidos pelos sinais de vibração, utilizando sensores. Assim, existem três tipos de sensores[17]: sensores de aceleração; sensores de velocidade limitados a uma resposta de baixa frequência; e sensores de deslocamento que são sensores eléctricos de correntes de Foucault com medição sem contacto.

Os vários dados de vibração adquiridos são utilizados para a determinação e validação de vários defeitos [10] alterar as suas frequências como se mostra no Quadro II.1[9], [13], [18], [19].

Quadro II.1 Frequências caraterísticas dos defeitos do MI nos sinais de vibração

Defeito	Componentes de frequência adicionais de vibração
Defeitos nos rolamentos	$f_i = Zf_r/2\left(1+\frac{d}{D}\cos\alpha\right)$ para detetar defeitos na pista interior; $f_o = Zf_r/2\left(1-\frac{d}{D}\cos\alpha\right)$ para detetar defeitos na pista exterior; $f_b = Zf_r/d\left(1-\frac{d^2}{D^2}\cos^2\alpha\right)$ por defeito na bola; $f_t = f_r{}^2/2\left(1-\frac{d}{D}\cos\alpha\right)$ por defeito do comboio; *Z*: número de rolos/esferas, *d*: diâmetro do elemento rolante, *D*: diâmetro do círculo de passo do rolamento, α: o ângulo de contacto em radianos, e f_r é a frequência de rotação.
Barras do	$f_{brb} = f_r \pm f_p$

rotor partidas	$f_p = (f_{su} - f_r)p$ f_p : frequência de passagem dos pólos, p: número de pólos e f_{su} : frequência de alimentação

Capítulo III: Parâmetros estatísticos e métodos de transformada wavelet

III.1 Indicadores escalares

III.1.1. Momentos

Os indicadores escalares tradicionais ou momentos permitem seguir a evolução de um sinal [20]. Quando o sinal é representado por uma sequência de valores discretos $x(i)$(i = 1,2, ..., N), as caraterísticas estatísticas mais utilizadas são definidas do seguinte modo

- O valor médio é o valor médio de um sinal[20].

$$\bar{x} = \frac{1}{N}\sum_{i=1}^{N} x_i \quad \text{(III.1)}$$

- O valor RMS (Root mean square) é um estimador da potência média no sistema de vibração que aumenta com a gravidade do defeito [20], [21].

$$x_{RMS} = \sqrt{\frac{1}{N}\sum_{i=1}^{N}(x_i)^2} \quad \text{(III.2)}$$

- O parâmetro de assimetria mede o grau de assimetria através da sua função de densidade de probabilidade [21], [22].

$$x_{skew} = \frac{\sum_{i=1}^{N}(x_i-\bar{x})^3}{N\sigma^3} \quad \text{(III.3)}$$

sendo σ o desvio padrão.

- O fator de crista mede o carácter pontiagudo e as impulsões de um sinal [21], [22].

$$x_{CF} = \frac{x_{peak}}{x_{RMS}} \quad \text{(III.4)}$$

- A curtose mede se os dados têm picos ou são planos em relação a uma distribuição normal (Figura III.1) [22].

A curtose de um sinal é determinada pelo momento de quarta ordem da distribuição de amplitude; definido como:

$$x_{ku} = \frac{\sum_{i=1}^{N}(x_i - \bar{x})^4}{N\sigma^4} \quad \text{(III.5)}$$

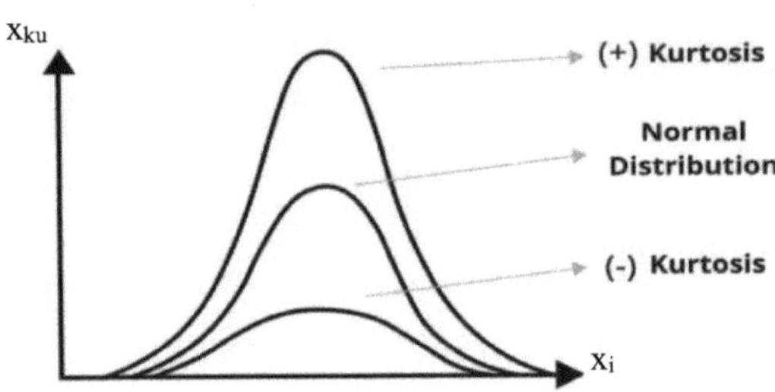

Figura III.1 Medição da curtose

III.1.2. L-momentos

Em 1990, Hosking introduziu uma forma alargada de indicadores escalares tradicionais (momentos) designada por L-momentos, definida como [23], [24]:

$$L_r = r^{-1} \sum_{k=0}^{r-1} (-1)^k \binom{r-1}{k} E(X_{r-k:r}) \qquad r = 1,2,3 \ldots \quad \text{(III.6)}$$

O momento 1 de primeira ordem (L_1) define o parâmetro de localização L, representado da seguinte forma:

$$L_1 = E(X_{1:1}) = E(X) \quad \text{(III.7)}$$

E(X) é o valor previsto da variável X.

O segundo momento L (L_2) é a medida L para a dispersão da distribuição.

$$L_2 = \frac{1}{2}E(X_{2:2}) - \frac{1}{2}E(X_{1:2}) = \frac{1}{2}E(X_{2:2} - X_{1:2}) \quad \text{(III.8)}$$

O terceiro momento L (L_3) fornece a medida L para a assimetria da distribuição de X.

$$L_3 = \frac{1}{3}E(X_{3:3}) - \frac{2}{3}E(X_{2:3}) + \frac{1}{3}E(X_{1:3}) \quad \text{(III.9)}$$

O rácio entre o segundo e o primeiro momento L é designado por coeficiente de variação L ($L - cv$).

$$L - cv = \frac{L_2}{L_1} \text{(III.10)}$$

O $L -$ Skewnessobtido pela divisão entre o terceiro e o segundo momento L.

$$L - \text{Skewness} = \frac{L_3}{L_2} \text{(III.11)}$$

A *curtose L,* definida como a divisão entre o quarto e o segundo momentos L[25].

$$L - kurtosis = \frac{L_4}{L_2} \text{(III.12)}$$

III.2.Transformada de Wavelet

III.2.1. Histórico

A transformada wavelet é uma ferramenta poderosa na área do processamento de sinais. A transformada de wavelet também é conhecida como análise multi-resolução. A primeira wavelet, conhecida como wavelet de Haar, foi introduzida por Alfred Haar; é definida como uma função composta por um impulso negativo curto seguido de um impulso positivo curto.

Mais tarde, Jean Morlet e Alex Grossmann introduziram o termo wavelet na linguagem matemática em 1984. Yves Meyer recolheu todos os resultados anteriores, calculou 16 deles e definiu as wavelets ortogonais. Em seguida, Stéphane Mallat estabeleceu uma ligação entre a análise de wavelets e a análise multi-resolução. Finalmente, em 1987, Ingrid Daubechies desenvolveu uma ondaleta ortogonal, fácil de implementar, denominada ondaleta de Daubechies [26].

III.2.2. Família de Wavelets

Uma wavelet é uma forma de onda de duração efetivamente limitada que tem um valor médio de zero.

Trata-se de um objeto matemático utilizado para o tratamento de sinais. Permitem decompor um sinal num domínio de frequência cuja precisão varia em função da banda de frequência considerada.

Uma wavelet tem várias propriedades como:

Suporte compacto: A maioria das wavelets tem um suporte compacto no domínio do tempo, o que significa que têm uma duração finita e se distinguem pela sua rápida atenuação. Um suporte compacto permite uma complexidade computacional reduzida, uma melhor resolução no domínio do tempo, mas dá uma fraca resolução em frequência. Como exemplo, podemos citar as wavelets Daubechies, Symlets, Coiflets, etc. Por dualidade, as wavelets de banda estreita são wavelets com suporte compacto no domínio da frequência mas não no domínio do tempo. As wavelets de Meyer são um exemplo [27].

Regularidade: A regularidade de uma wavelet é a propriedade que permite localizar as singularidades de um sinal. Pode-se notar que existe uma ligação entre a regularidade e os momentos nulos. Se tivermos momentos nulos, o sinal é regular [27].

Simetria: tal como o número de momentos nulos, a simetria da wavelet condiciona a regularidade da mesma ao longo de um intervalo [27].

Ortogonalidade: A ortogonalidade de uma wavelet é a propriedade que permite eliminar a redundância de informação [27].

Existem várias wavelets mãe utilizadas para o cálculo da transformada wavelet dos sinais analisados. Cada uma delas tem um domínio de aplicação definido na forma de sinal estudado.

Quadro III.1 e Figura III.2 contêm as famílias mais comuns:

Quadro III.1 Tipos de famílias de wavelets

Nome da família de wavelets	**Abreviatura**
wavelet Haar	Haar
wavelet de Daubechies	Db
Symlets wavelet	Sym
Coiflets wavelet	Coifa
Wavelet de Biorthogonales	Bior
Meyer wavelet	Meyr
Wavelet de Gaussiennes	Gaus
Ondalete de complexos de Gaussiennes	Cgaus
Ondalete mexicana	Mexh
Ondalete de Morlet	Morl
Ondalete de complexos de Morlet	Cmor
wavelet de complexos de Shannon	Shan

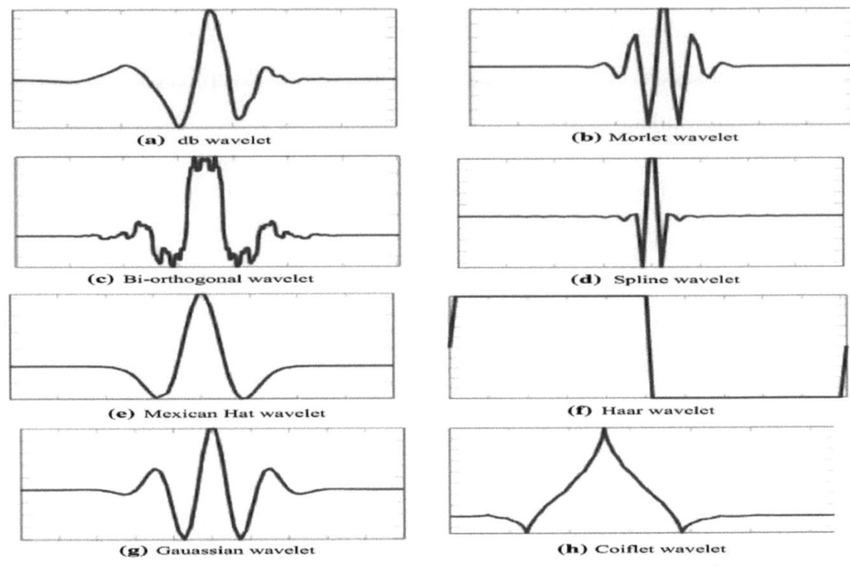

Figura III.2 Exemplos de famílias de wavelets [28]

As famílias de wavelets podem ser caracterizadas por quatro propriedades principais: existência de filtros associados, ortogonalidade ou biortogonalidade, suporte compacto ou não compacto, wavelets reais ou complexas. Quadro III.2 resume estas várias propriedades.

Quadro III.2 Propriedades da família Wavelet

Wavelet com filtro			**Wavelets sem filtros**	
com suporte compacto		**com suporte não compacto**	**Real**	**Complexo**
Ortogonal	**Biortogonal**	**Ortogonal**		
Db, haar, sym, coif	Bior	Meyr	Gaus, mexh, morl	Cgau, shan, Cmor

III.2.3. Princípio da transformada wavelet

Ao contrário do método da transformada de Fourier de curto prazo, a transformada wavelet utiliza uma janela de largura automaticamente ajustável para baixas e altas frequências, com uma resolução adaptável ao tamanho do objeto ou ao detalhe analisado, o que facilita a localização de defeitos. Utiliza janelas com larguras temporais estreitas para componentes de alta frequência e janelas com larguras temporais longas para componentes de baixa frequência (Figura III.3). Assim, cada freqüência da componente recebe o mesmo tratamento sem reinterpretar o resultado, o que dá mais suporte para a transformada wavelet analisar sinais com componentes transientes locais. O posicionamento tempo-frequência significa que são localizados mais coeficientes wavelet de energia, o que é útil para a extração de caraterísticas [26]. Esta técnica decompõe o sinal com base em funções particulares chamadas wavelets que têm a propriedade de poderem ser bem localizadas no tempo ou na frequência devido aos seus elementos básicos, gerados por translação *b* e dilatação *a* a partir de uma função wavelet mãe , como mostra a expressão seguinte:

$$\Psi_{a,b}(t) = \frac{1}{\sqrt{a}}\Psi\left(\frac{t-b}{a}\right) \qquad a, b \in R \quad \text{(III.13)}$$

a, b são designados por parâmetros de dilatação (escala) e de translação (posição), respetivamente.

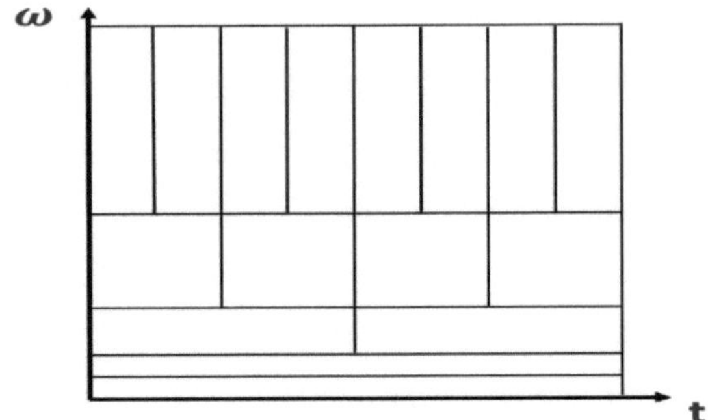

Figura III.3 Resolução da transformada wavelet

III.2.4. Tipos de transformada wavelet

Existem muitos tipos de transformadas de wavelet, como a transformada de wavelet contínua (CWT), a transformada de wavelet discreta (DWT) e a decomposição de pacotes de wavelet (WPD).

- Transformada de wavelet contínua

Quando os parâmetros estruturais (a translação *b* e a dilatação *a*) utilizados podem assumir qualquer valor do conjunto dos números reais *R* (a dilatação *a* deve ser positiva) dizemos que esta transformada wavelet é contínua[26].

A transformada wavelet contínua é semelhante à transformada de Fourier de curto prazo (STFT), exceto que a janela deslizante utilizada para a análise muda ao longo do tempo [29].

A transformada wavelet contínua de uma função *x(t)* é definida como o produto interno [29]:

$$CWT(a,b) = \langle x, \Psi_{a,b} \rangle \quad \text{(III.14)}$$

Significa:

$$CWT(\mathrm{a},\mathrm{b}) = \frac{1}{\sqrt{\mathrm{a}}} \int_{-\infty}^{+\infty} x(\mathrm{t}) \Psi^* \left(\frac{\mathrm{t}-\mathrm{b}}{\mathrm{a}} \right) \mathrm{dt} \quad \text{(III.15)}$$

com:

Ψ^* é o conjugado complexo da ondaleta-mãe Ψ.

b é o parâmetro de localização temporal.

a é o parâmetro de localização da frequência.

$\sqrt{a}$ garante a mesma energia para a wavelet dilatada.

- Transformada de wavelet discreta

A transformada wavelet discreta (DWT) é uma discretização da transformada wavelet contínua (CWT), fixando 2^m e $n2^m$ em vez de a e b, respetivamente, sendo m e n números inteiros [30], e assim :

$$DWT(\mathrm{m},\mathrm{n}) = \frac{1}{\sqrt{2^m}} \int_{-\infty}^{+\infty} x(\mathrm{t}) \Psi^* \left(\frac{\mathrm{t}-\mathrm{n}}{2^m}\right) \mathrm{dt} \quad \text{(III.16)}$$

As famílias de transformadas wavelet discretas comuns são: wavelet discreta de Coiflet, wavelet de Cohen Daubechies, filtro espelho binomial-quadratura (QMF), wavelet de Daubechies, wavelet de Haar, wavelet de Mathieu, wavelet de Legendre [31].

A transformada wavelet discreta (DWT) tem uma grande desvantagem, a incapacidade de decompor sub-bandas de alta frequência, ou seja, a transformada wavelet apenas itera sobre os coeficientes de escala (aproximação) (Figura III.4).

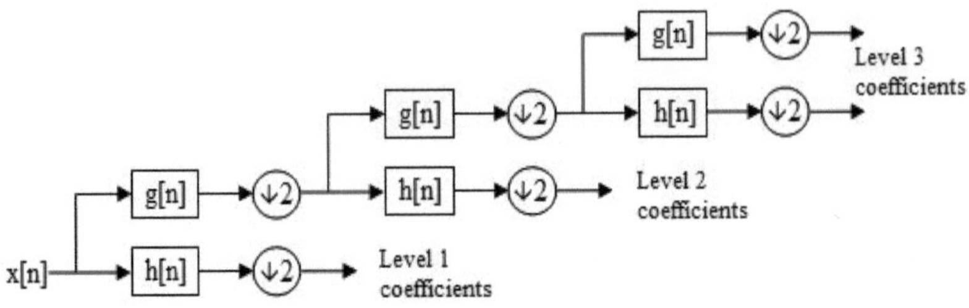

Figura III.4 Árvore DWT

- Decomposição de pacotes de ondaletas

A decomposição wavelet packet (WPD), proposta por Coifman e Wickerhauser, ao contrário da transformada wavelet discreta e contínua, gera em cada nível um coeficiente de aproximação contendo informação de baixa frequência, e um coeficiente de detalhe contendo informação de alta frequência do sinal original sem perda de dados ou redundância. A operação pode ser repetida em vários níveis e leva à criação da estrutura em árvore representada na Figura III.5[6], [18].

Os coeficientes da decomposição de pacotes de wavelets (X_k^{j+1})são definidos como[32]:

$$\begin{cases} X_{2p}^{j+1}[n] = \sum_m HP[m-2n]X_p^j[m] \\ X_{2p+1}^{j+1}[n] = \sum_m LP[m-2n]X_p^j[m] \end{cases} \quad \text{(III.17)}$$

p=0,1,2...,2^{j-1} : os nós numerados no nível *j*.

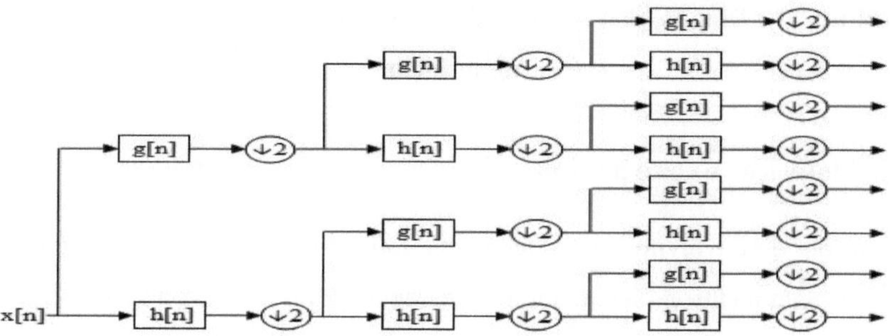

Figura III.5 Árvore WPD

O nível de decomposição wavelet deve ser bem escolhido, de modo a incluir os harmónicos em torno da frequência fundamental do sinal [29], ele é calculado pela relação:

$$N = int\left(\frac{\log\left(f_s/f_e\right)}{\log(2)}\right) + 2 \quad \text{(III.18)}$$

f_s , frequência de amostragem e f_e , frequência de potência.

Capítulo IV: Diagnóstico de defeitos do sistema de acionamento do motor de indução

IV.1. Motivação e contribuição

Apesar do desenvolvimento, que afecta todos os domínios, os motores de indução continuam a ser máquinas essenciais no mundo industrial, e os investigadores estão constantemente a investigar estas máquinas e a desenvolver métodos de diagnóstico para garantir a sua disponibilidade.

A nossa investigação nesta parte tem como objetivo abordar cinco tipos de defeitos, que não são tratados de forma justa em investigações anteriores: desequilíbrio de carga, desalinhamento paralelo, lubrificação inadequada, falta de lubrificação, defeitos combinados de gaiola partida + falta de lubrificação. Apresentamos uma nova metodologia baseada na energia WPD, o MLP-NN que é a técnica de IA mais fácil e mais popular para a sua aplicação e o parâmetro estatístico l-kurtosis. O WPD representa o melhor método tempo-frequência devido à sua melhor resolução em relação às outras abordagens tempo-frequência pela capacidade de decompor tanto as frequências altas como as baixas do sinal considerado. A curtose-L introduzida como indicador simples muda a variação dos seus valores utilizados para indicar os defeitos, como em [33], [34], [35], mas não foi considerada anteriormente como uma caraterística de classificação apesar da sua precisão e da sua robustez a outliers.

Este método é aplicado aos sinais vibratórios de motores assíncronos a duas velocidades diferentes para detetar três tipos principais de defeitos: falhas nas chumaceiras, desequilíbrio de carga e desalinhamento.

Os resultados obtidos mostram a fiabilidade do método proposto com elevada precisão, o que encoraja a sua utilização na deteção de outros defeitos.

IV.2. Descrição do banco de ensaios

A configuração experimental projectada (Figura IV.1) é composta por:

- Grupo motor Composto por um motor trifásico com codificador, é montado na segunda extremidade do veio. O motor é montado numa placa de base com dispositivo de alinhamento. Este dispositivo permite alinhar horizontalmente o eixo do motor. As especificações do motor são: 0,37 kW; 1 par de pólos; 380 V; 1,11A;
- Dispositivo de medição USB constituído por um conetor D-sub de 37 pinos para ligação ao amplificador de medição e uma porta USB para ligação ao PC.
- Acelerómetro, que são sensores piezoeléctricos com circuito eletrónico integrado. Os sensores convertem as vibrações medidas em sinais eléctricos. A sensibilidade é de 100 mV/g, com g em m/s^2;
- O analisador de vibrações ou amplificador de medida alimenta os sensores de aceleração de corrente e amplifica os sinais dos sensores de aceleração. Os botões de comutação permitem selecionar a amplificação entre 1, 10 e 100. De seguida, o sinal é digitalizado no dispositivo de medição USB e transferido para o PC onde é processado. O fator de amplificação definido é também transferido para o PC e apresentado no software.
- Unidade de controlo que contém um conversor de frequência destinado a regular gradualmente a velocidade de rotação. A unidade de controlo contém igualmente o indicador de velocidade de rotação e um indicador da potência absorvida pelo motor;
- Acoplamento de garras elásticas;
- Unidade de rolamento;
- Volante equilibrado (carga);

O sinal de vibração utilizado na nossa aplicação foi recolhido a uma frequência de amostragem de 8 KHz, para duas velocidades de rotação de 1500 rpm e 2000 rpm, em diferentes condições de funcionamento, conforme representado na Quadro IV.1 e na Figura IV.2. Os parâmetros da geometria da chumaceira estão indicados na Quadro IV.2.

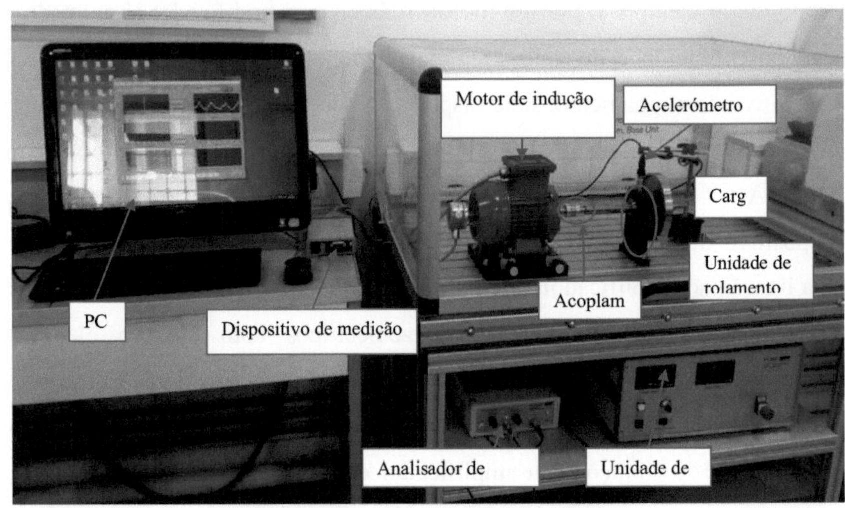

Figura IV.1 Instalação experimental

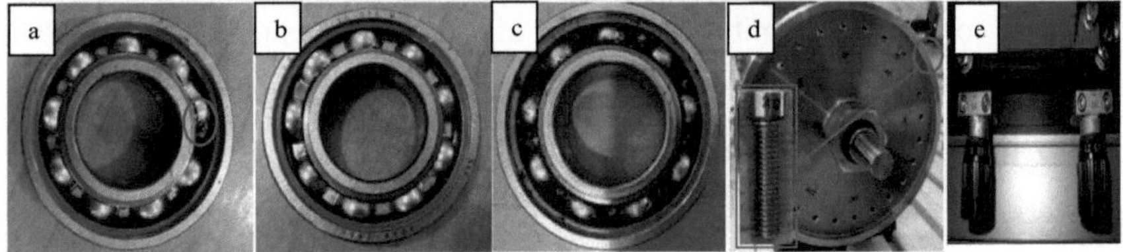

Figura IV.2 Defeitos do MI: a) defeitos combinados (falta de lubrificação + gaiola partida), b) falta de lubrificação, c) lubrificação incorrecta, d) desequilíbrio da carga, e) desalinhamento paralelo

Quadro IV.1 Condições de funcionamento dos dados recolhidos

		1500 rpm	2000 rpm
Estado de saúde		✓	✓
Desalinhamento paralelo	0,5 mm	✓	✓
Desequilíbrio de	2 g	✓	✓

carga			
Defeito do rolamento	Falta de lubrificação	✓	✓
	Falta de lubrificação + gaiola partida	✓	✓
	Lubrificação incorrecta	✓	✓

Quadro IV.2 Parâmetros da chumaceira em *mm*: chumaceira de esferas 6004-2RSH SKF

Diâmetro interior	Diâmetro exterior	Espessura	Diâmetro da esfera	Diâmetro do passo	Número de bolas
20	42	12	6	31	9

IV.3. Metodologia proposta

O fluxograma representado na Figura IV.3 descreve a metodologia proposta neste documento, que inclui três fases essenciais e cruciais:

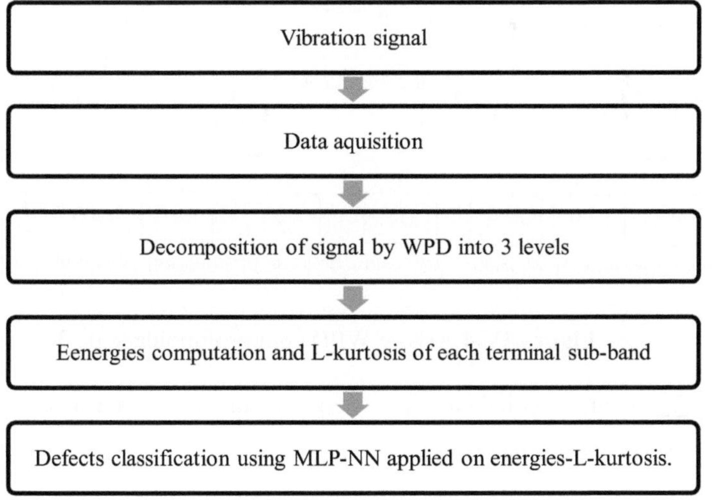

Figura IV.3 A metodologia proposta

Passo 1: A transformada Wavelet Packet (WPT) decompõe os sinais em três níveis utilizando a wavelet-mãe de Daubchies (db6), sendo o nível 3 o mais adequado para o diagnóstico de avarias em rolamentos, de acordo com S. Djaballah e al. [36].

O sinal é dividido em frequências baixas e altas em cada nível, utilizando um filtro passa-baixo e um filtro passa-alto, respetivamente. No presente trabalho é utilizada a frequência de amostragem máxima de 8 KHz da configuração experimental, o que resulta numa largura de banda máxima reconstruída de 4000 Hz. A largura de banda utilizada por cada pacote neste cenário para uma profundidade de 3 corresponde a 500 Hz, como se pode ver na Figura IV.4 de acordo com a equação (III.1) que representa o valor máximo de cada nó[37].

$$\omega(j,n) = \left(\frac{n+1}{2}\right) * \left({f_s}/{2^j}\right) \quad \text{(IV.1)}$$

Com: j: nível de decomposição, n: nó e f_s : frequência de amostragem.

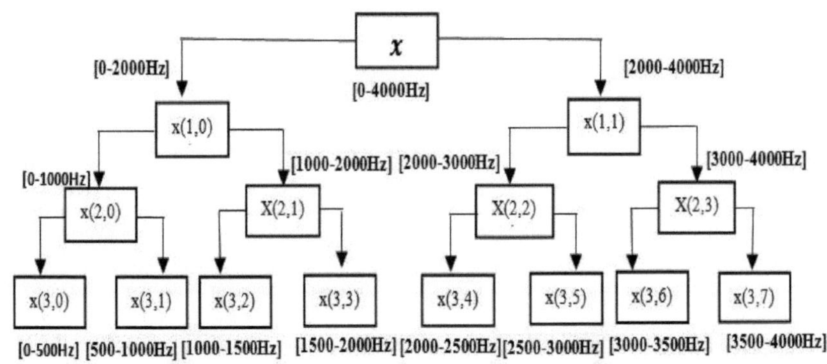

Figura IV.4 Árvore WPD com profundidade de 3

Etapa 2: Cálculo dos indicadores (energia e curtose L) para os coeficientes de terceiro nível obtidos na etapa 1.

* Cálculo de energia

O nível de energia de cada sinal de sub-banda está diretamente correlacionado com a gravidade do defeito e é, portanto, considerado como um indicador do estado do rolamento. Assim, a equação escrita a seguir [6], [38] define a energia em cada sub-banda num nível de decomposição (j):

$$E_j^n = \int \left|x_j^n(t)\right|^2 dt \quad \text{(IV.2)}$$

Com $x_j^n(t)$são os coeficientes dos pacotes de wavelets

Do mesmo modo, quando o sinal é representado por uma sequência de valores discretos $x(i)$(i = 1,2, ..., N), a energia é calculada de acordo com a equação seguinte:

$$E_j^n = \sum_{i=1}^{N} x_j^n(i)^2 \quad \text{(IV.3)}$$

* Cálculo de L-Kurtosis

Hosking introduziu a curtose-L como uma medida alternativa do carácter da distribuição em 1990 [39]. É derivada do momento L de Sellitto[40]. O L-momento de quarta ordem (L-curtose), mencionado no capítulo 2, está relacionado com L_4 e L_2 quantidades dadas por:

$$\text{Onde:}\begin{cases} L_4 = 20\beta_3 - 30\beta_2 + 12\beta_1 - \beta_0 \\ L_2 = 2\beta_1 - \beta_0 \end{cases} \quad \text{(IV.4)}$$

Com β_0, β_1 , β_2 e β_3 coeficientes, calculados de acordo com as seguintes equações:

$$\begin{cases} \beta_0 = N^{-1} \sum_{i=1}^{N} x_i \\ \beta_1 = N^{-1} \sum_{i=2}^{N} x_i \left[\frac{(i-1)}{(N-1)}\right] \\ \beta_2 = N^{-1} \sum_{i=3}^{N} x_i \left[\frac{(i-1)(i-2)}{(N-1)(N-2)}\right] \\ \beta_3 = N^{-1} \sum_{i=4}^{N} x_i \left[\frac{(i-1)(i-2)(i-3)}{(N-1)(N-2)(N-3)}\right] \end{cases} \quad \text{(IV.5)}$$

Passo 3: Classificação das avarias dos rolamentos utilizando MLP-NN, com combinação de energia-L-curtose como entrada

* Perceptron de múltiplas camadas

O Perceptron de Múltiplas Camadas (MLP) é uma extensão do modelo Perceptron que contém uma ou mais camadas ocultas ligadas das camadas inferiores às superiores (Figura IV.5).

O principal objetivo do MLP é otimizar as camadas e o número de neurónios para obter uma rede adequada com parâmetros suficientes e uma boa generalização para a tarefa de classificação ou regressão [41].

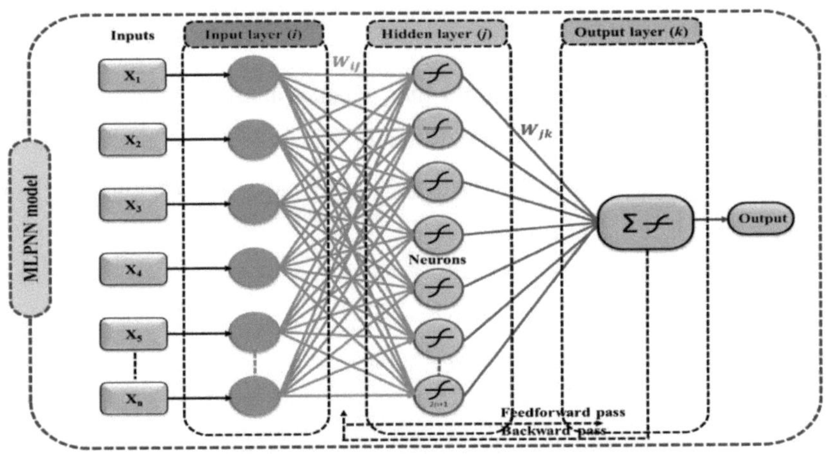

Figura IV.5 Modelo MLP-NN [42]

IV.4 Resultados e discussão

A fim de validar o método proposto, é explorado um conjunto de sinais de vibração obtidos a partir da instalação experimental em diferentes condições de funcionamento. Para cada caso, são medidos 12 sinais, sendo cada sinal composto por 820 amostras. Os 144 sinais, no total, são decompostos pelo WPD utilizando a wavelet mãe Daubchies 6 com uma profundidade de 3.

Figura IV.6 e Figura IV.7 apresentam o sinal original e os oito nós resultantes do WPD em profundidade de três, dos dois primeiros casos: estado saudável e desalinhamento paralelo, a uma velocidade de rotação de 2000 rpm.

Através de uma comparação visual das duas figuras, Figura IV.6 e Figura IV.7verificamos que a amplitude do sinal original no estado defeituoso, bem como os sinais resultantes da decomposição do pacote wavelet, são muito mais importantes do que as amplitudes do sinal vibratório retirado da máquina em estado saudável.

Os diferentes sinais dos nós são utilizados para extrair os valores das energias e da curtose L para treinar a rede neural artificial. Quadro IV.3 representa alguns valores dos dois indicadores: energia e curtose-L, retirados da mesma sub-banda para cada condição de funcionamento, tomámos o exemplo do nó (3, 0) onde os valores são mais significativos. Pode-se notar que o aumento da severidade do defeito tratado, aumenta o valor da energia, o mesmo para a L-kurtosis, embora o valor da energia aumente intensamente, o valor da L-kurtosis varia lentamente o que prova a sua robustez a outliers.

Estas variações de valores ajudaram a rede neural apresentada neste trabalho a tomar a decisão correta de classificação.

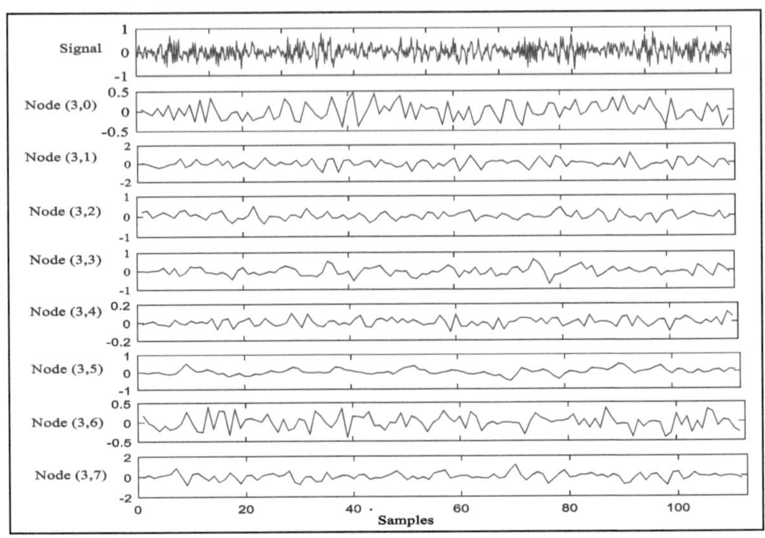

Figura IV.6 Sinal original e sub-bandas terminais num estado saudável

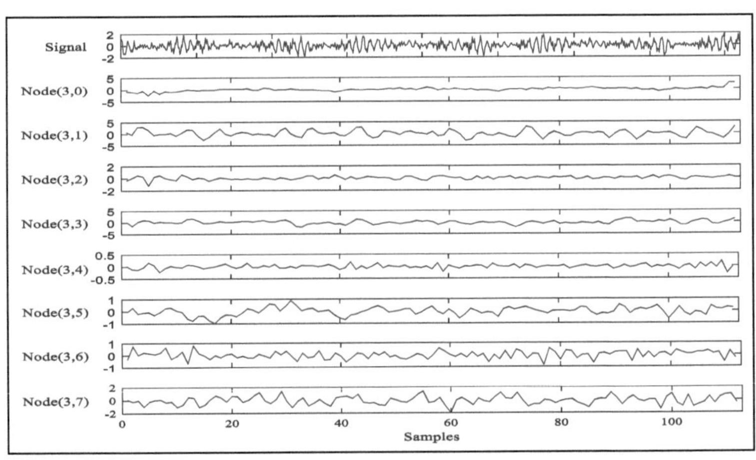

Figura IV.7 Sinal original e sub-bandas terminais em caso de desalinhamento paralelo

Quadro IV.3 Amostras de valores de energia e de curtose L do nó (3, 0)

	HS	PM	LU	LL	LLBC	IL
Energia	5.526	22.542	498.996	59.328	269.487	619.726
L-curtose	0.091	0.100	0.137	0.108	0.134	0.144

Os indicadores, energia e curtose-L, calculados a partir das sub-bandas terminais do WPD são introduzidos para treinar o classificador da Rede Neuronal.

A classificação dos defeitos do MI é efectuada através da rede neural Multi-Layer Perceptron (MLP-NN) (Figura IV.8). Assim, 96 exemplos (sinais) são utilizados como entradas de treino e 48 exemplos como entradas de teste, os restantes parâmetros utilizados para as redes neuronais estão agrupados na Quadro IV.4.

Quadro IV.4 Parâmetros de conceção do MLP-NN

Tipo de aprendizagem Supervisionada	
Função de ativação	
Camada oculta Sigmoide tangente	
Camada de saída Estrado	
Desempenho MSE	
Inicialização dos pesos Aleatório	
Critérios de paragem	
Declive mínimo	10^{-7}
Épocas máximas 1000	
Mu 0,001	

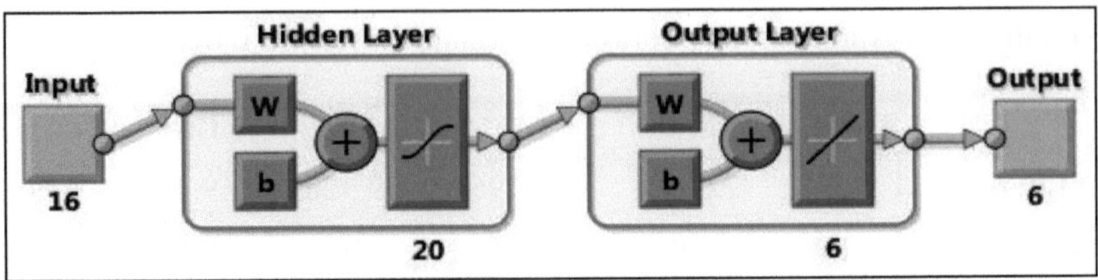

Figura IV.8 Arquitetura MLP-NN

A fim de facilitar a classificação, os defeitos do MI estudados são codificados conforme representado no Quadro IV.5.

Quadro IV.5 Codificação dos defeitos do GI

Condições do IM	classe	Classes de código
HS	1	100000
PM	2	010000
LU	3	001000
LL	4	000100
LLBC	5	000010
IL	6	000001

Figura IV.9 representa os resultados experimentais do treino e do teste, o que mostra que a exatidão do MLP-NN ao classificar os dados de acordo com os tipos de defeitos (6 classes) é igual a 100%, com pequenos erros que podem ser observados pela ligeira variação dos valores em torno dos resultados-alvo apresentados pelas classes de código, pela mesma ordem mencionada na Quadro IV.5; com uma regressão total de 0,99893 (Figura IV.10). Os coeficientes de regressão indicam que o modelo de rede neuronal tem um desempenho muito bom nos conjuntos de treino, validação e teste, com uma ligeira dispersão dos pontos em torno da reta, o que indica um bom desempenho da previsão, sugerindo que o modelo está bem regularizado e generaliza bem.

Os resultados actuais confirmam a eficácia do método proposto para a classificação dos defeitos do MI em diferentes condições de carga.

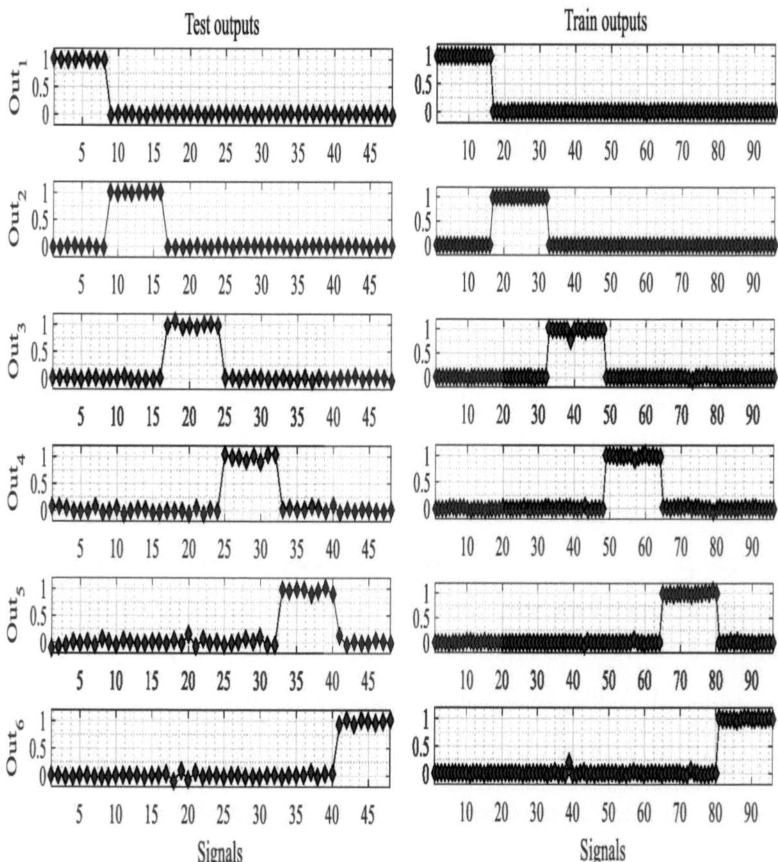

Figura IV.9 Resultados experimentais do comboio e do ensaio

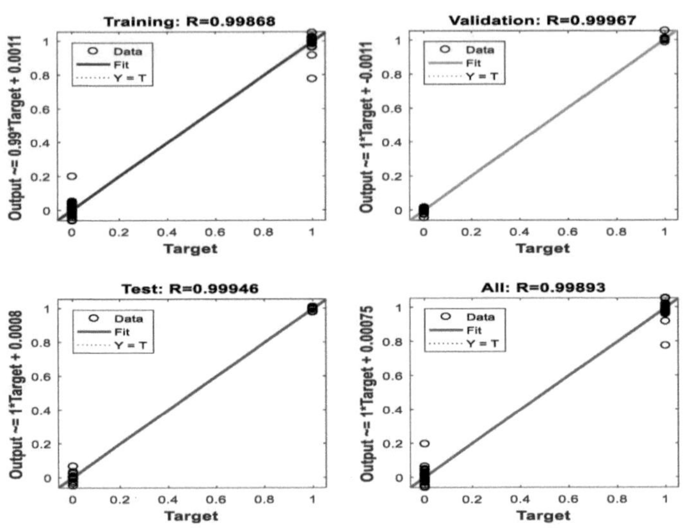

Figura IV.10 Linha de regressão do treino MLP-NN

Este trabalho examinou a eficiência da metodologia proposta baseada na combinação de dois métodos de tipos diferentes, a decomposição de pacotes wavelet e as redes neurais perceptron multicamadas, introduzindo os dois parâmetros estatísticos: energia e curtose-l, calculados a partir de cada sub-banda terminal do WPD, como entradas para o classificador.

Esta metodologia foi efectuada num motor de indução com duas velocidades diferentes, a fim de detetar três categorias de defeitos: defeito da chumaceira, desequilíbrio da carga e desalinhamento.

Os resultados obtidos mostram a fiabilidade do método proposto, o que encoraja a sua utilização para a deteção de outros defeitos.

Conclusão geral

O diagnóstico de falhas representa uma área de investigação muito importante. Se for possível detetar corretamente a localização e o momento em que as falhas ocorrem nas máquinas, podem ser tomadas medidas adequadas para evitar uma maior degradação e danos graves nos componentes, bem como evitar antecipadamente determinados problemas de segurança.

Este livro é uma continuação do trabalho sobre o diagnóstico de avarias em motores de corrente alternada, cujo principal objetivo é estabelecer uma metodologia simples e eficaz baseada num método de transformada wavelet para o diagnóstico de avarias.

Foi pormenorizada uma visão geral dos sinais e das principais transformações wavelet, bem como dos indicadores escalares.

Após a explicação dos métodos wavelet, parece claro que a decomposição do pacote wavelet representa a melhor ferramenta para o processamento de sinais e diagnóstico de falhas; é por esta razão que explorámos esta técnica para diagnosticar falhas no motor de indução utilizando sinais de vibração.

A metodologia proposta no nosso trabalho diz respeito a três etapas diferentes que se complementam:

- Um método de tempo-frequência representado pela decomposição de pacotes de wavelets utilizado para facilitar a caraterização dos modos de vibração do motor;
- O indicador escalar l-kurtosis e a energia são utilizados para detetar alterações na distribuição estatística dos sinais em diferentes escalas para diferentes nós da decomposição do pacote wavelet e para caraterizar a intensidade das vibrações em diferentes frequências e em diferentes

períodos de tempo destas últimas, respetivamente, de modo a obter uma classificação fiável dos diferentes sinais;

- A rede neural de várias camadas foi utilizada para a classificação dos diferentes defeitos tratados.

Para validar a eficácia do método proposto, foi efectuado um estudo experimental explorando vários tipos de falhas com duas velocidades de rotação diferentes, melhorando as condições de funcionamento do motor, o que deu bons resultados.

Os resultados confirmam a capacidade deste método para descrever o comportamento do sistema. Estes resultados estão associados e aderem a outros trabalhos paralelos no âmbito do diagnóstico de avarias de motores assíncronos por análise de sinais de vibração.

Os nossos principais contributos são resumidos da seguinte forma:

- Diagnóstico dos defeitos de lubrificação das chumaceiras, que é uma das principais causas de rutura das chumaceiras;
- Classificação dos defeitos combinados dos motores de indução que não foram objeto de um estudo aprofundado;
- A integração de uma nova combinação de indicadores (L-curtose e energia) extraídos do WPD para treinar o classificador MLP-NN para diagnosticar várias falhas de MI;
- Foi utilizado um sistema de recolha de dados para avaliar a metodologia sugerida em diferentes velocidades de rotação do motor.

Bibliografia

[1] S. Bennedjai, " Contribution à l'amélioration de la sûreté d'exploitation des moteurs à induction. ", Tese, Universidade Badji Mokhtar Annaba, Annaba, 2016.

[2] S. Kerfali, " Contribution à la Surveillance et au Diagnostic des Défauts De la Machine Asynchrone ", Tese, Universidade Badji Mokhtar Annaba, Annaba, 2016.

[3] A. Medoued, " Surveillance et diagnostic des défauts des machines électriques : applications aux moteurs asynchrones ", Tese, Universidade 20 de agosto de 1955, Skikda, 2012.

[4] J. Maitre, " Reconnaissance des défauts de la machine asynchrone : application des modèles d'intelligence artificielle", Universidade de Chicoutimi, Québec, 2017.

[5] M. Xu et R. Marangoni, " Vibration Analysis Of A Motor-Flexible Coupling-Rotor System Subject To Misalignment And Unbalance, Part I: Theoretical Model And Analysis ", *Journal of Sound and Vibration*, vol. 176, p. 663-679, oct. 1994, doi: 10.1006/jsvi.1994.1405.

[6] N. Lahouasnia, M. F. Rachedi, D. Drici, et S. Saad, "Melhoria da deteção do desequilíbrio da carga na máquina de indução trifásica com base na análise vetorial do espaço atual", *J. Electr. Eng. Technol.*, vol. 15, n° 3, p. 1205-1216, mai 2020, doi: 10.1007/s42835-020-00403-y.

[7] R. R. Obaid et T. G. Habetler, " Effect of load on detecting mechanical faults in small induction motors ", in *4th IEEE International Symposium on Diagnostics for Electric Machines, Power Electronics and Drives, 2003. SDEMPED 2003*, Atlanta, GA, EUA: IEEE, 2003, p. 307-311. doi: 10.1109/DEMPED.2003.1234591.

[8] P. Gangsar et R. Tiwari, "Técnicas de monitoramento de condições baseadas em sinais para deteção de falhas e diagnóstico de motores de indução: A state-of-the-art review ", *Mechanical Systems and Signal Processing*, vol. 144, p. 106908, oct. 2020, doi: 10.1016/j.ymssp.2020.106908.

[9] S. Nandi, H. A. Toliyat, et X. Li, "Condition Monitoring and Fault Diagnosis of Electrical Motors-A Review", *IEEE Trans. On Energy Conversion*, vol. 20, n° 4, p. 719-729, déc. 2005, doi: 10.1109/TEC.2005.847955.

[10] C. Malla et I. Panigrahi, "Review of Condition Monitoring of Rolling Element Bearing Using Vibration Analysis and Other Techniques", *J. Vib. Eng. Technol.*, vol. 7, nº 4, p. 407-414, août 2019, doi: 10.1007/s42417-019-00119-y.

[11] A. Kumar, C. P. Gandhi, Y. Zhou, R. Kumar, et J. Xiang, "Latest developments in gear defect diagnosis and prognosis: Uma revisão ", *Measurement*, vol. 158, p. 107735, juill. 2020, doi: 10.1016/j.measurement.2020.107735.

[12] Y. Liu et A. M. Bazzi, " Uma revisão e comparação dos métodos de deteção e diagnóstico de falhas para motores de indução com gaiola de esquilo: Estado da arte ", *ISA Transactions*, vol. 70, p. 400-409, set. 2017, doi: 10.1016/j.isatra.2017.06.001.

[13] S. Kumar *et al.*, "Uma revisão abrangente da manutenção prognóstica baseada em condições (CBPM) para motor de indução", *IEEE Access*, vol. 7, p. 90690-90704, 2019, doi: 10.1109/ACCESS.2019.2926527.

[14] M. R. Mehrjou, N. Mariun, M. Hamiruce Marhaban, et N. Misron, " Rotor fault condition monitoring techniques for squirrel-cage induction machinc-A review ", *Mechanical Systems and Signal Processing*, vol. 25, nº 8, p. 2827-2848, nov. 2011, doi: 10.1016/j.ymssp.2011.05.007.

[15] F. de Coulon e J. Neirynck, *Théorie et traitement des signaux*, 3e éd. rev. e Corr. in Traité d'électricité de l'Ecole polytechnique fédérale de Lausanne, no. 6. Lausanne [Paris]: Presses polytechniques et universitaires romandes [diff. Tec et doc], 1996.

[16] B. Decoux, " Traitement du Signal Déterministe ". Consultado em: 29 de junho de 2022. [En ligne]. Disponível em: http://benoit.decoux.free.fr/ENSEIGNEMENT/SIGNAL/CNAM/signal_cnam.html

[17] Z. Duan, T. Wu, S. Guo, T. Shao, R. Malekian, et Z. Li, "Desenvolvimento e tendência de monitoramento de condições e diagnóstico de falhas de fusão de informações multi-sensores para rolamentos: uma revisão", *Int J Adv Manuf Technol*, vol. 96, nº 1-4, p. 803-819, avr. 2018, doi: 10.1007/s00170-017-1474-8.

[18] H. Bae, Y.-T. Kim, S.-H. Lee, S. Kim, et M. H. Lee, " Fault diagnostic of induction motors for equipment reliability and health maintenance based upon Fourier and wavelet analysis ", *Artif Life Robotics*, vol. 9, nº 3, p. 112-116, juill. 2005, doi: 10.1007/s10015-004-0331-7.

[19] A. Bellini, F. Filippetti, C. Tassoni, et G.-A. Capolino, " Advances in Diagnostic Techniques for Induction Machines ", *IEEE Trans. Ind. Electron*, vol. 55, n° 12, p. 4109-4126, déc. 2008, doi: 10.1109/TIE.2008.2007527.

[20] D. Goyal, A. Choudhary, B. S. Pabla, et S. S. Dhami, " Support vetor machines based non-contact fault diagnosis system for bearings ", *J Intell Manuf*, vol. 31, n° 5, p. 1275-1289, juin 2020, doi: 10.1007/s10845-019-01511-x.

[21] M. K. Pradhan, " Fault Detection Using Vibration Signal Analysis Of Rolling Element Bearing In Time Domain using an Innovative Time Scalar Indicator ", *IJMR*, vol. 12, n° 3, p. 1, 2017, doi: 10.1504/IJMR.2017.10006345.

[22] A. R. Bhende, G. K. Awari, et S. P. Untawale, "Algoritmo abrangente de monitorização do estado dos rolamentos para a deteção de falhas incipientes utilizando a emissão acústica", p. 30, 2014.

[23] R. M. Vogel et N. M. Fennessey, " *L* moment diagrams should replace product moment diagrams ", *Water Resour. Res.*, vol. 29, n° 6, p. 1745-1752, juin 1993, doi: 10.1029/93WR00341.

[24] R. Valbuena, M. Maltamo, L. Mehtätalo, et P. Packalen, " Key structural features of Boreal forests may be detected directly using L-moments from airborne lidar data ", *Remote Sensing of Environment*, vol. 194, p. 437-446, juin 2017, doi: 10.1016/j.rse.2016.10.024.

[25] S. Liu, S. Hou, K. He, et W. Yang, " L-Kurtosis and its application for fault detection of rolling element bearings ", *Measurement*, vol. 116, p. 523-532, févr. 2018, doi: 10.1016/j.measurement.2017.11.049.

[26] W. BENTRAH, " Analyse Fréquentielle Par Les Ondelettes Pour Le Diagnostic Des Systèmes Dynamiques ", Université Mohamed Khider, Biskra, 2019.

[27] S. Djaballah, " Etude et optimisation de la transformée en ondelettes pour la détection des défauts dans les roulements ", Université Mohamed Chérif Messaâdia, Souk-Ahras.

[28] S. A.-E. El-Gindy *et al.*, " Detection of Abnormal Activities from Various Signals Based on Statistical Analysis ", *Wireless Pers Commun*, vol. 125, n° 2, p. 1013-1046, juill. 2022, doi: 10.1007/s11277-022-09565-6.

[29] L. Nacib, " DIAGNÓSTICO DOS DÉFAUTS NAS MÁQUINAS DE TORNEIO POR ANÁLISE VIBRATÓRIA ", Badji Mokhtar, Annaba, 2015.

[30] Y. Wei, M. Li, W. Xu, et Huang, " A Review of Early Fault Diagnosis Approaches and Their Applications in Rotating Machinery ", *Entropy*, vol. 21, n° 4, p. 409, avr. 2019, doi: 10.3390/e21040409.

[31] K. S. Gaeid, R. A. Maher, et A. J. Lazim, "Controlo tolerante a falhas do inversor multinível com índice Wavelet no motor de indução", *J. Electr. Eng. Technol.*, vol. 14, n° 3, p. 1179-1191, mai 2019, doi: 10.1007/s42835-019-00086-0.

[32] M. Bahoura et Y. Simard, " Blue whale calls classification using short-time Fourier and wavelet packet transforms and artificial neural network ", *Digital Signal Processing*, vol. 20, n° 4, p. 1256-1263, juill. 2010, doi: 10.1016/j.dsp.2009.10.024.

[33] Q. Gao et J. Xiang, "Um método usando EEMD e L-Kurtosis para detetar falhas em rolamentos de rolos", em *2018 Prognostics and System Health Management Conference (PHM-Chongqing)*, Chongqing: IEEE, out. 2018, p. 71-76. doi: 10.1109/PHM-Chongqing.2018.00018.

[34] H. Liu et J. Xiang, "Uma estratégia usando decomposição de modo variável, L-curtose e desconvolução de entropia mínima para detetar falhas mecânicas", *IEEE Access*, vol. 7, p. 70564-70573, 2019, doi: 10.1109/ACCESS.2019.2920064.

[35] W. Bao, X. Tu, Y. Hu, et F. Li, "Envelope Spectrum L-Kurtosis and Its Application for Fault Detection of Rolling Element Bearings", *IEEE Trans. Instrum. Meas.*, vol. 69, n° 5, p. 1993-2002, mai 2020, doi: 10.1109/TIM.2019.2917982.

[36] S. Djaballah, K. Meftah, K. Khelil, M. Tedjini, et L. Sedira, " Deteção e diagnóstico de rolamento de falha usando transformada de pacote wavelet e rede neural ", *Frattura ed Integrità Strutturale*, vol. 13, n° 49, p. 291-301, juin 2019, doi: 10.3221/IGF-ESIS.49.29.

[37] F. Safara, S. Doraisamy, A. Azman, A. Jantan, et A. R. Abdullah Ramaiah, " Multi-level basis selection of wavelet packet decomposition tree for heart sound classification ", *Computers in Biology and Medicine*, vol. 43, n° 10, p. 1407-1414, oct. 2013, doi: 10.1016/j.compbiomed.2013.06.016.

[38] I. Attoui, N. Fergani, N. Boutasseta, B. Oudjani, et A. Deliou, " A new time-frequency method for identification and classification of ball bearing

faults ", *Journal of Sound and Vibration*, vol. 397, p. 241-265, juin 2017, doi: 10.1016/j.jsv.2017.02.041.

[39] J. R. M. HOSKINGt et I. ResearchDivision, " L-momentsA: nalysisand Estimation of Distributionus singLinear Combinationsof OrderStatistics ", p. 22.

[40] G. P. Sillitto, " Interrelations Between Certain Linear Systematic Statistics of Samples from Any Continuous Population ", *Biometrika*, vol. 38, n° 3/4, p. 377, déc. 1951, doi: 10.2307/2332583.

[41] H. Ramchoun, M. Amine, J. Idrissi, Y. Ghanou, et M. Ettaouil, " Multilayer Perceptron: Architecture Optimization and Training ", *IJIMAI*, vol. 4, n° 1, p. 26, 2016, doi: 10.9781/ijimai.2016.415.

[42] A. Malik, A. Kumar, P. Rai, et A. Kuriqi, " Prediction of Multi-Scalar Standardized Precipitation Index by Using Artificial Intelligence and Regression Models ", *Climate*, vol. 9, n° 2, p. 28, févr. 2021, doi: 10.3390/cli9020028.

Printed by Books on Demand GmbH, Norderstedt / Germany